Bibliografische Information der Deutschen Nationalbibliothek:

Die Deutsche Bibliothek verzeichnet diese Publikation in der Deutschen National-
bibliografie; detaillierte bibliografische Daten sind im Internet über http://dnb.d-
nb.de/ abrufbar.

Impressum:

Copyright © 2015 GRIN Verlag, Open Publishing GmbH
Druck und Bindung: Books on Demand GmbH, Norderstedt Germany
ISBN: 978-3-668-14526-9

Jörg Weser, Anne-Luise Hübner

Der Beitrag erneuerbarer Technologien zur Energieerzeugung am deutschen Strommarkt. Eine kritische Auseinandersetzung mit Windenergie und Photovoltaik

GRIN Verlag

Hausarbeit im Fach Energiewirtschaftliches Seminar

Zum Thema: „Der Beitrag fluktuierender erneuerbarer Erzeugungstechnologien – WEA und PVA – zur Systemdienstleistungsbereitstellung im deutschen Strommarktsystem"

15.07.2015
Energiewirtschaftliches Seminar, WIE Master
Anne-Luise Hübner, Jörg Weser

Inhalt

Abbildungsverzeichnis

Tabellenverzeichnis

1. Einführung

Das deutsche Energieversorgungssystem (EVS) befindet sich zurzeit in einem grundsätzlichen strukturellen Wandel. Unter dem Stichwort Energiewende wurde in den vergangenen Jahren die Ära der erneuerbaren Erzeugungstechnologien und somit die Abkehr von der fossilen und nuklearen Energieerzeugung eingeläutet. So sind im EEG §1 Abs. 2 konkrete Ausbauziele festgeschrieben. Bis zum Jahr 2020 strebt die Bundesregierung einen erneuerbaren Anteil von 25% an der Bruttostromerzeugung an und im Jahr 2050 soll dieser Anteil bis auf 80% ansteigen. Gleichzeitig ist eine Abnahme der konventionellen Kapazitäten in der Zukunft abzusehen. Der Ausstieg aus der nuklearen Energieerzeugung steht für 2022 endgültig fest und auch für die (Braun-) Kohle wird über ein Klimaschutzinstrument (sogenannter „Klimabeitrag") nachgedacht, welches den fossilen Kohleausstieg indirekt beschleunigen könnte.

Trotz steigender fluktuierender Stromerzeugung darf jedoch die Sicherheit und Zuverlässigkeit des deutschen EVS nicht vernachlässigt werden. Dabei wird die Versorgungszuverlässigkeit nicht nur über die bilanzielle Versorgung definiert, sondern durch die tatsächliche Verfügbarkeit zu jedem Zeitpunkt (innerhalb kleiner Toleranzräume). Die komplexe Aufgabe, diese zu garantieren, obliegt den Übertragungsnetzbetreibern (ÜNB). Leistungen, die der Funktionstüchtigkeit des elektrischen EVS dienen, nennt man Systemdienstleistungen. Diese Produkte werden von Erzeugungsanlagen und anderen technischen Anlagen bereitgestellt, welche die Netzbetreiber nutzen.

Last- und Einspeiseschwankungen, Prognosefehler aber auch Kraftwerksausfälle können empfindliche Parameter im Netz stören. Konventionelle Kraftwerke, die heutzutage vorrangig SDL erbringen, werden zukünftig immer geringere Einsatzzeiten haben. Aufgrund des ansteigenden Anteils der erneuerbaren Energien am Netz, stellt sich daher die Frage, welchen Beitrag die (für den deutschen Markt) relevanten dargebotsabhängigen Erzeugungstechnologien – Windenergieanlagen (WEA) und Photovoltaikanlagen (PVA) zur SDL-Bereitstellung und somit zur Systemverantwortung übernehmen können. Mit diesem Hintergrund, ist es notwendig zu klären, inwiefern das heutige Marktdesign, vor allem im Hinblick auf Anforderung, Umfang und Art der SDL-Produkte, geeignet ist, sodass auch PVA und WEA ihren Beitrag dazu leisten können.

In dieser Arbeit soll dazu insbesondere die technische und prozessuale (Präqualifikationen seitens der ÜNB) Eignung näher analysiert und gegebenenfalls Hürden im Marktdesign, die den Umfang einer möglichen Regelleistungsbereitstellung erschweren, aufgezeigt werden. Allerdings soll im Anschluss auch eine kurze Ausarbeitung wichtiger Kernaspekte hinsichtlich des wirtschaftlichen Anreizes für Anlagenbetreiber zur Teilnahme am Regelenergiemarkt erfolgen.

2. <u>Einordnung in das deutsche Energieversorgungssystem</u>

2.1 Arten von Systemdienstleistungen

Die Regelzonenverantwortlichen (im Folgenden nur noch als ÜNB benannt) müssen die Erbringung von Systemdienstleistungen veranlassen. Diese sind notwendig, um eine sichere und zuverlässige Elektrizitätsversorgung zu garantieren. Die ÜNB vergüten und koordinieren die SDL. Dabei legen die ÜNB fest, wann welcher Anlagenbetreiber welche SDL erbringen muss. Laut dem Transmissioncode 2007 (TC07) des Verbands der Netzbetreiber (VDN) werden unter Systemdienstleistungen diejenigen Leistungen verstanden, welche für die Funktionstüchtigkeit des Systems unbedingt erforderlich und für welche die ÜNB neben der Übertragung und Verteilung elektrischer Energie, verantwortlich sind. Die SDL umfassen die System- und Betriebsführung, die Frequenzhaltung, die Spannungshaltung sowie den Versorgungswiederaufbau (1 S. 49) und sind somit bestimmend für die Qualität der Stromversorgung.

Die ÜNB sind dafür verantwortlich, die Spannung und die Frequenz im Übertragungsnetz innerhalb gewisser Toleranzbänder zu halten und nach Auftreten von Störungen die definierten Netzparameter möglichst zeitnah wieder herzustellen (2 S. 11). Nach §13 Abs.1 EnWG sind die ÜNB dazu verpflichtet die Sicherheit und Zuverlässigkeit des EVS zu gewährleisten. Hierfür stehen ihnen netz- und marktbezogene Maßnahmen (Absatz1) und Notmaßnahmen (Abs. 2) zur Verfügung. Neben Schalthandlungen und der Ausnutzung von Toleranzbändern gehören dazu auch der Einsatz von Redispatch und Regelenergie.

Im Rahmen dieser Arbeit liegt der Schwerpunkt auf den Einsatz von Regelenergie. Die Redispatchmaßnahmen werden nicht weiter betrachtet.

Im Folgenden soll die inhaltliche Bedeutung der einzelnen SDL-Typen kurz vorgestellt werden.

System- und Betriebsführung

Im Rahmen der System- und Betriebsführung sind die ÜNB für die sichere Netzführung/-betrieb, koordinierten Kraftwerkseinsatz sowie den nationalen und internationalen Verbundbetrieb verantwortlich. Weitere Aufgaben sind kontinuierliche Netzanalysen und Monitoring (Überwachung auf Grenzwertverletzungen), Errichtung und Betrieb von Zählertechnik und Abrechnung aller erbrachten Leistungen sowie das Einspeise- und Engpassmanagement (im Zusammenhang mit der Frequenz- und Spannungshaltung) (1 S. 72-73).

Frequenzhaltung

Im europäischen Stromnetz beträgt die Gleichgewichtsfrequenz 50 Hz. Dabei ist eine Abweichung von +/- 200mHz zulässig. Eine zu starke Abweichung kann gravierende Auswirkungen haben, wie permanente Schäden an elektrischen Geräten oder sogar zu einem völligen Zusammenbruch der

Stromversorgung führen. Eine Abweichung der Frequenz vom Sollwert kann durch ein Ungleichgewicht von Stromerzeugung und –verbrauch resultieren. Die Aufgabe der Frequenzhaltung ist daher die Ausregelung von Abweichungen. Dafür stehen dem ÜNB unterschiedliche Maßnahmen zur Verfügung.

Schnelle Frequenzabweichungen werden durch die Momentanreserve, die nicht zur Regelleistung gehört, gedämpft. Dies geschieht durch die rotierende Masse der Generatoren in konventionellen Erzeugungsanlagen.

Für längerfristige Abweichungen steht der Einsatz von Regelleistung zur Verfügung. Diese wird unterschieden in positive (bei Erzeugungsdefizit) und negative Regelleistung (bei Erzeugungsüberschuss). Die ÜNB schließen mit den Anlagenbetreibern Verträge ab, die dann bei Bedarf Regelleistung zur Verfügung stellen. Der durch die ÜNB ermittelte Bedarf wird öffentlich ausgeschrieben. Die Regelenergie wird in Primärregelung, Sekundärregelung und Minutenreserve unterteilt. Ziel ist es, die Frequenz schrittweise auf den Sollwert zurückzuführen. Dabei müssen die unterschiedlichen Regelleistungsarten als Gesamtwirkmechanismus betrachtet werden, die je nach vorherigem Erfolg aufeinander aufbauen.

Zuerst kommt die Primärregelung zum Einsatz. Die Anlagenbetreiber, die sich an der Primärregelung beteiligen müssen ihre Einspeisung in das ÜNB proportional zur Frequenzabweichung anpassen. Gemäß TC07 muss jede Erzeugungsanlage ab einer Nennleistung von 100 MW primärregelfähig sein. Da die Primärregelung (PRL) nur kurze Zeit zur Verfügung steht, muss sie bei bleibender Frequenzabweichung von der Sekundärregelung (SRL) gleichmäßig abgelöst werden. Im Gegensatz zur PRL erfolgt die Bereitstellung der SRL nicht selbstständig und muss von den ÜNB angefordert werden (Steuerung über Leistungs-Frequenzregler).

Herrscht das Ungleichgewicht länger als 15 Minuten vor, so kommt es zur Aktivierung der Minutenreserve (wird seit 2012 elektronisch aktiviert), die die SRL wiederum gleichmäßig ablöst.

Wie bei der PRL und SRL können auch die ÜNB eine Teilnahme an der Minutenreserve anordnen, wenn der Bedarf nicht durch die Ausschreibung gedeckt werden kann. Die Aktivierungsreihenfolge zeigt die Abb.1 schematisch.

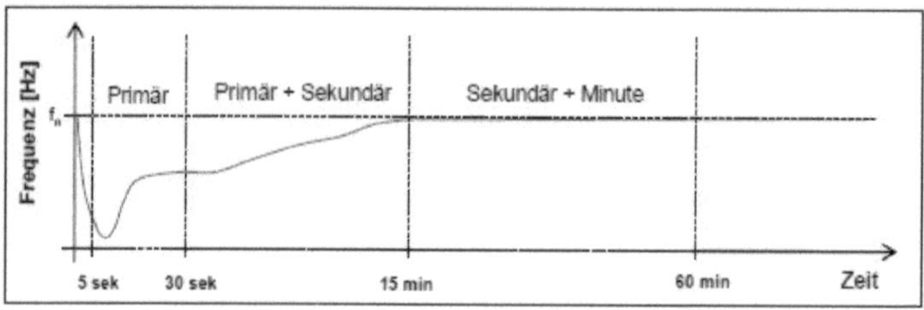

Abbildung 1: Frequenzrückführung nach einem Frequenzeinbruch (3) (1)

Bei der Regelleistungsbereitstellung kommt es zu sich überschneidende Phasen, in denen mehrere Regelleistungsarten, aufgrund unterschiedlicher Reaktions- und Aktivierungsgeschwindigkeiten, aktiviert sind. Dies ist in Abb. 2 zu erkennen.

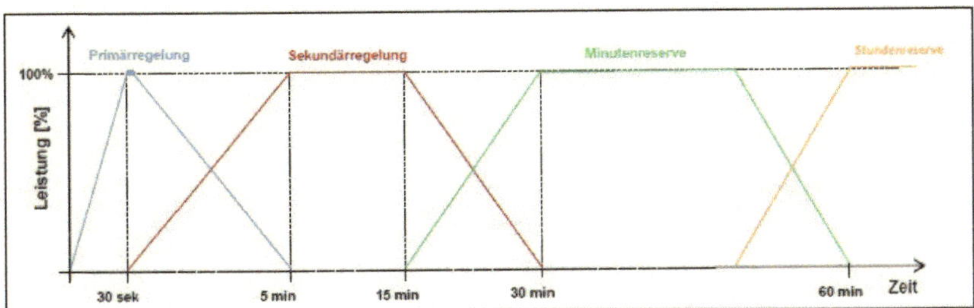

Abbildung 2: Regelleistungseinsatz nach UCTE09

Weitere konkrete Details zu bspw. Aktivierungsgeschwindigkeiten, Verfügbarkeiten sollen hier nicht weiter ausgeführt werden.

Spannungshaltung

Eine weitere Aufgabe der ÜNB ist es ein bedarfsgerechtes Spannungsprofil im ÜNB aufrecht zu erhalten. Hierzu muss eine ausgeglichene Blindleistungsbilanz im Netz vorherrschen, welche abhängig vom Blindleistungsbedarf[1] des Netzes und der Netzanschlusskunden ist (1 S. 84). Je nach Blindleistungsbedarf ist dieser entweder induktiv oder kapazitiv. Jede an das Netz angeschlossene Erzeugungseinheit muss die im TC07 definierte Mindestanforderung erfüllen und Blindleistung bereitstellen können. Auf tiefergehende elektrotechnische Erläuterungen soll hier verzichtet werden.

Versorgungswiederaufbau

Der Versorgungswiederaufbau umfasst technische und organisatorische Maßnahmen, die zur Störungseingrenzung und zur Aufrechterhaltung bzw. Wiederherstellung der Versorgungsqualität durchgeführt werden. Die Wiederherstellung erfolgt nach festgelegten Prozessen. Schwarzstartfähige Großkraftwerke werden nach und nach hochgefahren und Verbraucher kontrolliert zugeschalten. Zu Beginn des Wiederaufbaukonzepts bilden die schwarzstartfähigen Kraftwerke einzelne Inselnetze, die dann von den ÜNB synchronisiert und verbunden werden. Die Schwarzstartfähigkeit ist gemäß TC07 keine Mindestanforderung für Erzeugungsanlagen, jedoch müssen Anlagen größer 100 MW zum Inselnetzbetrieb fähig sein.

---

[1] Blindleistung trägt nicht zur nutzbaren Arbeit bei. Sie ist zum Aufbau von elektrischen und magnetischen Feldern notwendig. Sie wird bspw. für den Betrieb von Motoren, Transformatoren und Kondensatoren benötigt, verringert jedoch die effektiv nutzbare Kapazität und verursacht Netzverluste. Bereitgestellt wird sie durch installierte Kompensationselemente, mögliche Schalthandlungen oder vertraglich zugesicherten Vorleistungen.

Tabelle 1: Systemdienstleistungsprodukte (23 S. 4)

System-dienst-leistung (SDL)	Frequenzhaltung	Spannungshaltung	Versorgungswiederaufbau	Betriebsführung
Ziel	• Halten der Frequenz im zulässigen Bereich	• Halten der Spannung im zulässigen Bereich • Begrenzung des Spannungseinbruchs bei einem Kurzschluss	• Wiederherstellung der Versorgung nach Störungen	• Koordination des Netz- und Systembetriebes
Produkte/ Maß-nahmen	• Momentanreserve • Regelleistung • Zu-/Abschaltbare Lasten • Frequenzabhängiger Lastabwurf • Wirkleistungsreduktion bei Über-/Unterfrequenz (EE- und KWK-Anlagen)	• Bereitstellung von Blindleistung • Spannungsbedingter Redispatch • Spannungsbedingter Lastabwurf • Bereitstellung von Kurzschlussleistung • Spannungsregelung	• Schaltmaßnahmen zur Störungseingrenzung • Koordinierte Inbetriebnahme von Einspeisern und Teilnetzen mit Last • Schwarzstartfähigkeit von Erzeugern	• Netzanalyse, Monitoring • Engpassmanagement • Einspeisemanagement • Koordination der Erbringung von SDL Netzebenen übergreifend
Heutige Erbringer (Auswahl)	• Konventionelle Kraftwerke • Flexible steuerbare Lasten • Regelleistungspools (u.a. mit EE-Anlagen und Großbatterien)	• Konventionelle Kraftwerke • Netzbetriebsmittel (z.B. Kompensationsanlagen) • EE-Anlagen	• Netzleitwarten • Schwarzstartfähige, konventionelle Kraftwerke • Pumpspeicherwerke	• Netzleitwarten in Zusammenspiel mit Netzbetriebsmitteln und konventionellen Kraftwerke

Die oben beschriebenen SDL-Produkte sind unten in der von der dena erstellten Tabelle noch einmal zusammengefasst dargestellt.

2.2   Der Regelenergiemarkt

Im Folgenden soll kurz die Funktionsweise des Regelenergiemarktes vorgestellt werden. Dabei wird auf eine ausführliche schriftliche Erläuterung der Merkmale der einzelnen SDL-Produkte verzichtet. Sie sind stattdessen aus Gründen der Übersichtlichkeit in der Tabelle 2 aufgeführt.

Tabelle 2: Merkmale des deutschen Regelenergiemarktes (4) (5)

Merkmal	Primärregelleistung	Sekundärregelleistung	Minutenreserveleistung
Ausschreibungsfrist	wöchentlich	wöchentlich	täglich
Anzahl der Produkte	1 (base, symmetrisch)	4 (pos./neg., HT/NT)	12 (pos./neg., 4h Blöcke)
Produktlänge	1 Woche	12 Stunden	4 Stunden
Leistungspreis	Ja	Ja	Ja
Arbeitspreis	Nein	Ja	Ja
Minimalgebot	1 MW	5 MW	5MW
Anzahl der Anbieter	20	27	38

Gemäß §6 Abs. 1 der Stromnetzzugangsverordnung (StromNZV) müssen die ÜNB die im Rahmen der Frequenzhaltung erforderliche Regelenergie öffentlich und anonymisiert ausschreiben. Die Ausschreibung erfolgt dabei gemeinschaftlich im deutschen Netzregelverbund über die Internetplattform www.regelleistung.net. Dabei ist jeder ÜNB berechtigt einen technisch notwendigen Anteil an Regelenergie innerhalb seiner Regelzone auszuschreiben (§6 Abs.2 StromNZV). Die gemeinschaftliche Ausschreibung dient dazu das Gegeneinanderregeln der einzelnen Regelzonen zu verhindern. Anstatt die Leistungsungleichgewichte der jeweiligen Regelzone einzeln durch die Regelenergiebeschaffung zu beheben, wird so lediglich der verbleibende Leistungssaldo ausgeregelt. So könne die Kosten für die Regelenergiebeschaffung sowie die Höhe der benötigten Regelenergie reduziert werden (6 S. 258).

Bei der Ausschreibung von Regelenergie wird dabei, wie bereits im Kapitel zuvor beschrieben, in die Produkte PRL, SRL, MRL unterschieden. Für jede Regelenergieart finden also einzelne Ausschreibungen statt. Um an diesen teilnehmen zu können, müssen die Erzeugungsanlagen gewisse Präqualifikationsanforderungen (PQA) erfüllen, welche im TC07 beschrieben sind (6 S. 6). Für die Bereitstellung von Regelenergie wird zwischen dem ÜNB und dem Anlagenbetreiber ein Rahmenvertrag je Regelenergieart geschlossen, welcher alle Einzelheiten regelt und die

Voraussetzung für die Teilnahme am Ausschreibungsverfahren darstellt (4 S. 19). Die einzelnen PQA werden im nächsten Kapitel genauer untersucht.

Die Funktionsweise des Regelenergiemarktes unterscheidet sich von der der Elektrizitätsmärkte. Im Gegensatz zum Intraday- oder Day-Ahead-Markt erhalten die Anbieter einen Arbeits- und Leistungspreis (in MWh/€). Nur im Fall der PRL (hier kann aus technischen Gründen die gelieferte Energiemenge nicht gemessen werden) erhalten die Anbieter der PRL einen Leistungspreis (LP). Dieser vergütet die vorgehaltene Leistung einer Erzeugungsanlage. Der Arbeitspreis (AP) hingegen vergütet die tatsächlich abgerufene Energiemenge. Die Ausschreibung erfolgt in Form einer mehrdimensionalen Auktion mit zwei unabhängigen Merit-orders, wie in Abb. 3 zu sehen ist.

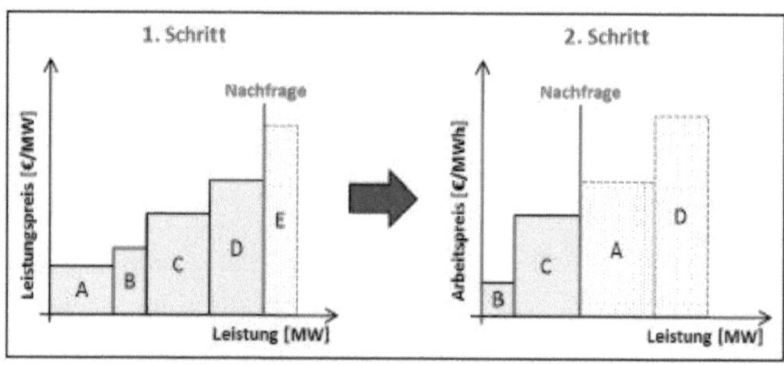

Abbildung 3: Mehrdimensionale Auktion am Regelenergiemarkt (7)

Die Anbieter bieten sowohl einen Leistungs- als auch Arbeitspreis und werden anschließend aufsteigend gemäß ihres Leistungspreisgebotes sortiert. So kann, wie auch in der Merit-Order im Day-Ahead-Markt eine kosteneffiziente Kraftwerksreihenfolge bestimmt werden. Allerdings ist die Nachfrage nach Regelleistung in diesem Fall nicht vom Preis abhängig und somit perfekt unelastisch (7 S. 258f.). Die ÜNB treten als alleiniger Nachfrager am Markt auf und bestimmen daher die gesamte Nachfrage. Zuerst werden die Anlagen mit den geringsten LP herangezogen, solange bis die komplette Nachfrage gedeckt ist. Die Anlagen außerhalb der Nachfragedeckung bekommen keinen Zuschlag und somit auch keine Vergütung. Die verbliebenen Anlagen werden nun in einem zweiten Schritt aufsteigend nach ihrem Arbeitspreisen sortiert. So ist garantiert, dass bei Benötigung von Regelenergie zunächst die Erzeuger mit den niedrigsten Arbeitspreisen eingesetzt werden. Ein weiterer Unterschied zum Day-Ahead-Markt ist, dass es keinen Markträumungspreis gibt, sondern alle Anbieter, die einen Zuschlag bekommen haben, ihre Vorhaltung bzw. Energielieferung zu ihren angebotenen Preisen vergütet bekommen (gemäß §8 Abs. 1 StromNVZ). Weiterhin wird auf dem Regelenergiemarkt in positive und negative Regelleistung unterschieden. Bei der PRL müssen Anbieter im gleichen Maße positive als auch negative PRL vorhalten und bei Bedarf bereitstellen. Bei der SRL und MRL findet eine getrennte Ausschreibung von positiver und negativer Regelleistung statt (§6 Abs. 1 StromNZV). Bezüglich der Mindestgebotsgröße, die durch die ÜNB vorgeschrieben werden, muss erwähnt werden, dass es gestattet ist mehrere Anlagen zu einem Regelleistungspool zusammenzufassen, um auch kleinere Anlagen die Teilnahme zu ermöglichen. Allerdings können sich nur bereits präqualifizierte Erzeugungsanlagen am Regelleistungspool beteiligen (1 S. 10 (Anhang D2))

Die Kosten, die den ÜNB durch die Beschaffung der Regelenergie entstehen, müssen nach §8 Abs.1 StromNVZ den Netznutzern in Rechnung gestellt werden und entsprechen rund 40% der Netznutzungsentgelte (8 S. 471).

3. <u>Technische und Prozessuale Eignung im heutigen Marktdesign</u>

Im folgenden Kapitel sollen zuerst technische und prozessuale Anforderungen, die im Rahmen der SDL-Bereitstellung an alle Erzeugungsanlagen gestellt werden, beschrieben werden. Anschließend werden die technischen Möglichkeiten von WEA und PVA untersucht, einen Beitrag zur Frequenz- und Spannungshaltung sowie zum Versorgungswiederaufbau zu leisten. Des Weiteren sollen Hürden im Marktdesign herauskristallisiert und zusammengefasst werden, die den Umfang einer möglichen Regelleistungsbereitstellung durch WEA und PVA erschweren und gegebenenfalls zukünftig angepasst werden müssen[2].

Die folgende Grafik zeigt aus der Sicht der dena die zukünftigen Veränderungen in der Bereitstellung von SDL.

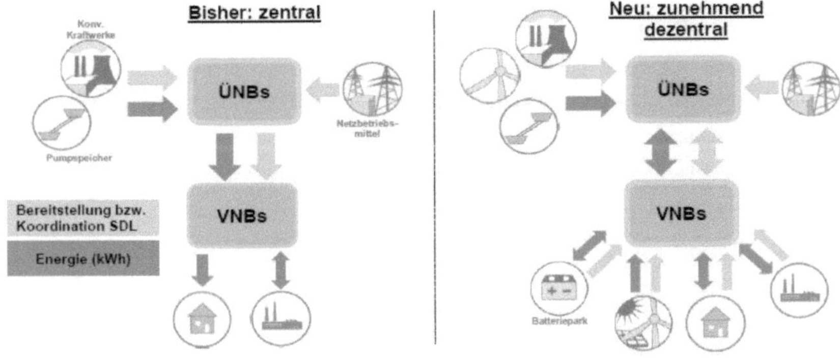

Abbildung 4: Veränderungen in der SDL-Bereitstellung (9)

---

[2] Insofern dies technologisch umsetzbar ist.

3.1 Anforderungen der Netzbetreiber

Wie bereits erwähnt, werden im Rahmen der Frequenzhaltung PQA an alle Anbieter von Regelleistung gestellt. Diese sind Voraussetzung, um am deutschen Regelenergiemarkt teilnehmen und SDL vermarkten zu können. Die PQA sind im TC07[3] festgeschrieben, welche sich für die verschiedenen Produkte des Regelenergiemarktes unterscheiden (1 S. 7). Die unterschiedlichen Merkmale der PRL, SRL sowie MRL, wie die Aktivierungsgeschwindigkeiten, Abgabedauern, Ausschreibungsfristen, Produktlängen und Mindestabrufgrößen wurden bereits in Kapitel 2 benannt. Darüber hinaus wird von allen Erzeugungsanlagen eine bestimmte Zeitverfügbarkeit gefordert, welche den Teil der angebotenen Regelleistung widerspiegelt, die für den gesamten Angebotszeitraum zur Verfügung stehen muss. Für PRL sowie MRL beträgt sie 100% und für SRL 95%. Diese Zeitverfügbarkeit muss seitens der Anlagenbetreiber im Vorfeld, für die Dauer eines Ausschreibungszeitraums nachgewiesen werden können. Mindestens 50% der Zeit muss die Anlage in Betrieb gewesen sein. Weiterhin muss ein Nachweis über die Leistungsänderungsgeschwindigkeiten erbracht werden. Hierzu wird mit der Erzeugungsanlage eine sogenannte Doppelhöckerkurve „abgefahren". Damit ist das Einstellen unterschiedlicher Betriebsleistungspunkte gemäß ein vorher definierter Leistungsverlauf gemeint (10 S. 34). Im Fall der SRL muss die Geschwindigkeit mindestens +/- zwei Prozent der Nennleistung pro Minute betragen (1 S. Anhang D2). Erzeugungsanlagen, die PRL bereitstellen, müssen darüber hinaus ein Primärregelband[4] von +/- zwei Prozent der Nennleistung bzw. +/- zwei MW bereitstellen können. Weiterhin müssen nach §6 Abs. 1 EEG alle neuen erneuerbaren Erzeugungsanlagen ab 100 kW über eine entsprechende technische Einrichtung verfügen, um eine Fernsteuerbarkeit der Wirkleistung durch die ÜNB zu gewährleisten. Damit haben die ÜNB die Möglichkeit jederzeit die Ist-Einspeisung zu überprüfen und bei einer Netzüberlastung zu reduzieren[5].

Neben den technischen und prozessualen Anforderungen, existieren informationstechnische und organisatorische Anforderungen[6]. Diese Anforderungen sollen hier nicht weiter betrachtet werden und es wird davon ausgegangen, dass sie durch die Anlagenbetreiber erfüllt werden können.

Den Anlagenbetreibern steht es frei, sich eine oder auch mehrere Regelleistungsarten zu qualifizieren. Die wichtigsten Anforderungen für eine Teilnahme am Regelenergiemarkt sind in der Tabelle 3 noch einmal zusammengefasst.

---

[3] Basierend auf den europäischen Regeln des UCTE

[4] Damit ist der Stellbereich der Primärregelleistung gemeint, innerhalb dessen dir Primärregler bei einer Frequenzabweichung automatisch in beider Richtungen einwirken können. Vgl. (1 S. 12)

[5] Betreiber von PVA müssen diese Einrichtungen bereits ab einer Nennleistung ab 30 kW installieren. PVA kleiner dieser Nennleistung können optional auch die Wirkleistungseinspeisung auf maximal 70% der Nennleistung beschränken (§6 Abs. 2 EEG).

[6] Dazu notwendig: Übermittlung von Daten, u.a. Name, Netzanschlusspunkt, Primärenergieträger, Nennleistung der Erzeugungsanlage und Ansprechpartner, der 24 Stunden erreichbar ist.

Tabelle 3: Präqualifikationsanforderungen (1) (4)

Anforderungen	PRL	SRL	MRL
Aktivierungs-geschwindigkeit	Beginn nach 5 Sek. 50 % nach 15 Sek. 100 % nach 30 Sek.	Beginn nach 30 Sek. 100 % nach 5 Min. Mind. +/- 2 % von Pn pro Min.	100 % nach 15 Min.
Abgabedauer	5 Min.	15 – 30 Min.	15 – 45 Min.
Zeitverfügbarkeit	100%	95%	100%
Primärregelband	Mind. +/- 2 % von Pn Mind. +/- 2 MW	-	-
Mindestabrufgröße	1 MW	5MW	5MW
Ausschreibungsfrist	wöchentlich	wöchentlich	täglich
Produktlänge	1 Woche	12 Stunden	4 Stunden

Neben den Voraussetzungen zu der freiwilligen Teilnahme am Regelenergiemarkt, gibt es weitere Anforderungen, die beim Anschluss an das Übertragungsnetz erfüllt werden müssen (s. TC07 der ÜNB). Alle am Übertragungsnetz angeschlossenen Erzeugungsanlagen mit einer installierten Leistung größer 100 MW müssen primärregelfähig sein (1 S. 27). Gemäß der Verordnung zu Systemdienstleistungen durch WEA (SDLWindV) entfällt diese Pflicht für WEA[7]. Die wenigen PVA, die am Übertragungsnetz angeschlossen sind, liegen zudem unterhalb der Leistungsgrenze von 100 MW. Überdies stellt die SRL- und MRL-Bereitstellung keine Anschlussbedingung dar, weshalb sowohl für WEA als auch PVA keine Pflicht zur Regelleistungsbereitstellung existiert.

Eine weitere Anschlussbedingung der ÜNB stellt die Blindleistungsbereitstellung dar. Laut TC07 müssen dazu alle Erzeugungsanlagen in der Lage sein, diese zu erbringen[8]. Dabei legen die ÜNB fest, in welchem Arbeitspunkt die WEA betrieben werden muss, um die benötigte Blindleistung bereitzustellen. Jeder dieser Arbeitspunkte muss innerhalb von 4 Minuten erreicht werden können (Anlage1, Abs. 2, Nr. 4 SDLWindV). Auch WEA im Mittel- und Niederspannungsnetz müssen sich gemäß den Regelungen des BDEW und VDE an der Spannungshaltung beteiligen (11 S. 22). WEA und PVA müssen daher in der Lage sein, mit einem reduzierten Spannungsniveau zu operieren und einen Kurzschlussstrom zu speisen (11 S. 24).

Im Hinblick auf den Versorgungswiederaufbau werden in den jeweiligen Richtlinien keine Mindestanforderungen bezüglich der Schwarzstartfähigkeit gestellt. Daher sind WEA und PVA nicht dazu verpflichtet. Allerdings besteht eine Inselbetriebsfähigkeitspflicht für WEA (1 S. 36-42) als Anschlussvoraussetzung an das Übertragungsnetz. Diesbezüglich muss jede Erzeugungseinheit den

---

[7] S. Anlage 1, Abs. 2, Nr. 2 SDLWindV
[8] Sowohl im Teillast- als auch im Nennlastbetrieb

Inselbetrieb erkennen und beherrschen. Für die Mittel- und Niederspannungsebene ist die Inselbetriebsfähigkeit nicht vorgeschrieben.

In der folgenden Tabelle sind die Verpflichtungen für Betreiber von WEA und PVA zusammengefasst.

Verpflichtung zur	WEA	PVA
Regelleistungsbereitstellung	Nein	Nein
Blindleistungsbereitstellung	Ja	Ja (MS + NS)
Inselbetriebsfähigkeit	Ja (HS) Nein (MS)	Nein
Schwarzstartfähigkeit	Nein	Nein
Wirkleistungsfernsteuerbarkeit	Ja (> 100 kW)	Ja (> 30 kW)

3.2   Bereitstellungsmöglichkeiten

Im folgenden Sub-Kapitel soll die Frage beantwortet werden, welche potenziellen technischen Möglichkeiten für WEA und PVA existieren, um sich an der SDL-Bereitstellung zu beteiligen, unabhängig von restriktiven Bedingungen, wie PQA´s oder Ressourcenverfügbarkeit. Es soll erstmal nur das technische Potenzial der Anlagen beleuchtet werden. Dabei wird auf die Frequenz-, die Spannungshaltung und den Versorgungswiederaufbau eingegangen.

Beitrag zur Frequenzhaltung

Wie im vorangegangenen Kapitel erläutert, besteht für WEA und PVA in Deutschland keine Verpflichtung sich an der Frequenzhaltung durch Regelleistungsbereitstellung zu beteiligen. Ein möglicher Beitrag erfolgt demnach durch freiwillige Teilnahme am Regelenergiemarkt.

Für WEA gibt es verschiedene technische Maßnahmen, um sowohl positive als auch negative Regelleistung anzubieten. Hierzu ist eine Unterscheidung der beiden vorherrschenden Typen moderner WEA notwendig. Zum einen handelt es sich um eine WEA mit Synchrongenerator und Vollumrichter (SGU) sowie einem doppelt gespeisten Asynchrongenerator (DAG). Der Läufer des Generators dreht sich bei einem Asynchrongenerator nicht synchron mit der Frequenz des Stromnetzes. Diese Frequenzdifferenz wird als Schlupf bezeichnet. Im Gegensatz dazu existiert bei einem Synchrongenerator kein Schlupf, da die Generator- und Netzfrequenz synchronisiert sind. Mit der gezielten Veränderung des Schlupfs kann die Generatorleistung angepasst werden. Je nach Bedarf kann folglich mehr oder weniger Leistung an das Stromnetz abgegeben werden. Theoretisch ist es also technisch möglich, dass WEA mit Asynchrongeneratoren diese Art der Regelung nutzen, um positive oder negative Regelleistung bereitzustellen. Allerdings kann die Änderung des Schlupfs zu einer Erhöhung der Generatorwärmeverluste führen und den Generator beschädigen. Daher ist es mehr als fraglich, ob diese Maßnahme zur Regelleistungsbereitstellung genutzt werden sollte (3 S. 48-49).

Neben der Veränderung des Schlupfs, stellt auch die Drosselung der Leistung durch das Verändern des Anstellwinkels der Rotorblätter eine weitere potenzielle Möglichkeit dar. Durch das Verändern des Anstellwinkels der Rotorblätter (auch Pitchregelung genannt) ist es möglich dem Wind mehr oder weniger kinetische Energie zu entziehen und somit die Umwandlung in mechanische und letztendlich die erzeugte Leistung einer WEA zu regeln. Im Gegensatz zu thermischen Kraftwerken verursachen steile Leistungsänderungen kaum einen Verschleiß der Betriebsmittel (5 S. 2). Vorausgesetzt es herrscht Wind, können die WEA ihre Anstellwinkel verändern und ihre Leistung innerhalb weniger Sekunden reduzieren und so negative Regelleistung anbieten. Um positive Regelleistung anzubieten müssten WEA vorab nicht mit 100% ihrer Nennleistung betrieben werden. Wie auch bei thermischen Kraftwerken muss ein Teil der Leistung zurückgehalten werden, um diesen in Bedarfsfall dem Netz zur Verfügung zu stellen. Allerdings ist hier ausdrücklich hervorzuheben, dass die momentane Leistung von den aktuell herrschenden Windbedingungen abhängt. Um also ein gewisses Produktionsniveau und demnach auch eine Regelleistungsbereitstellung zu garantieren, müssten Prognosen über eine sehr hohe Genauigkeit bezüglich zukünftiger Windgeschwindigkeiten verfügen.

Weiterhin gibt es die Möglichkeit, die rotierenden Massen der WEA für die Regelleistungsbereitstellung zu nutzen. Auf Kosten der kinetischen Energie der rotierenden Massen, kann kurzzeitig mehr elektrische Leistung an das Stromnetz abgegeben werden, als die aktuelle Windgeschwindigkeit zulässt. Da die Antriebsleistung jedoch konstant bleibt, wird so der Generator abgebremst. Daher wäre eine solche Maßnahme nur für 10 bis 15 Sekunden möglich, weil ansonsten die Drehzahl des Generators zu tief sinken würde. Des Weiteren sinkt durch die geringe Rotordrehzahl wiederum die vom Wind umgesetzte Leistung. Da der Generator anschließend wieder entlastet werden muss, um die Drehzahl wieder in den Normalbereich zurückzuführen und die Leistung der WEA an die Antriebsleistung anzupassen. Die WEA kann weniger Leistung an das Netz abgeben, als die Windgeschwindigkeit erlauben würde. Was wiederum einen noch tieferen Frequenzeinbruch verursachen könnte. Demnach muss die Anwendung einer solchen Regelungsmaßnahme vor einer umfassenden Verwendung geprüft werden. Theoretisch läge in der Nutzung der rotierenden Massen von WEA die Möglichkeit bei Frequenzeinbruch kurzfristig PRL bereitzustellen, bis andere Erzeugungsanlagen Regelleistung bereitstellen können (12 S. 356-357). Die soeben beschriebenen Prozesse werden durch die untenstehende Abbildung grafisch dargestellt.

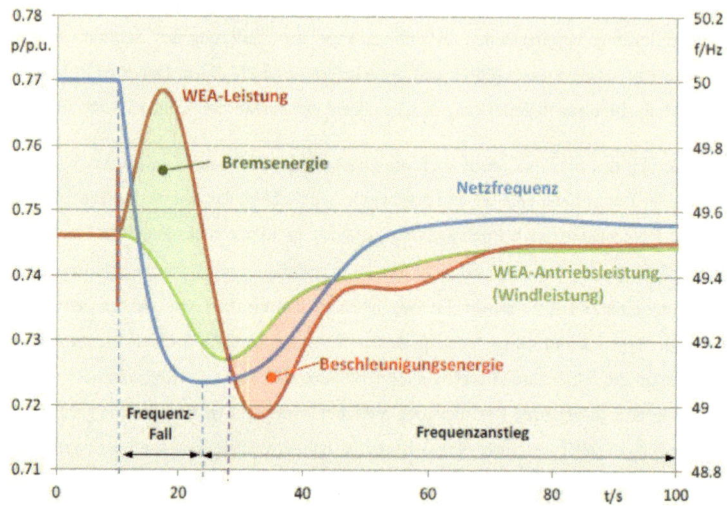

Auch Betreiber von netzgekoppelten PVA haben die Möglichkeit, die Leistungsabgabe ihrer Anlagen zu steuern. Dies ergibt sich bereits aus den Anforderungen für Neuanlagen, gemäß §6 Abs. 1 EEG über entsprechende Regeleinrichtungen zu verfügen. Die Regelung erfolgt hierbei mit Hilfe des Wechselrichters, welcher den Gleichstrom der PVA in Wechselstrom umwandelt. Dabei hat der Wechselrichter die Aufgabe, den optimalen Betriebspunkt der PVA (Maximum Power Point (MPP)) zu finden. Dies ist der Fall, wenn das Produkt aus Strom und Spannung des Solargenerators maximiert wird. Um den MMP zu finden, stellt der Wechselrichter mithilfe eines Suchalgorithmus verschiedene Parameter ein und berechnet die Leistung im jeweiligen Betriebspunkt. Dieser wird solange mit der Leistung des vorherigen Betriebspunktes verglichen, bis der MMP gefunden ist. Dieser ist aber nicht konstant, sondern hängt von der Temperatur und der Sonneneinstrahlung ab. Die Aufgabe des Wechselrichters ist es, durch das Einstellen des MMP die Leistung der PVA zu maximieren. Jedoch um das Bereitstellen von Regelleistung zu ermöglichen, muss die Leistung der PVA reduziert werden können. Es ist also ein Betriebspunkt zu wählen, der ein geringeres Leistungsniveau liefert. Dazu stellt der Wechselrichter eine höhere Gleichspannung ein, als es für den MMP nötig wäre. Die Leistung der PVA sinkt auf das gewünschte Niveau (13 S. 216-245). Durch dieses Verfahren ist es demnach möglich, im schnellen Sekundenbereich das Leistungsniveau zu reduzieren, um negative Regelleistung liefern zu können. Zur Bereitstellung von positiver Regel muss genau wie auch bei den WEA die Leistungsabgabe um einen gewissen Betrag reduziert werden. Dies erfolgt auch durch das Einstellen des entsprechenden Betriebspunktes.

Vergleichbar mit den WEA, hängt auch hier die Höhe der abgegebenen Leistung von dem Ressourcendargebot ab, wodurch eine sehr hohe Prognosegenauigkeit zur potenziellen Teilnahme am Regelenergiemarkt unabdingbar wäre.

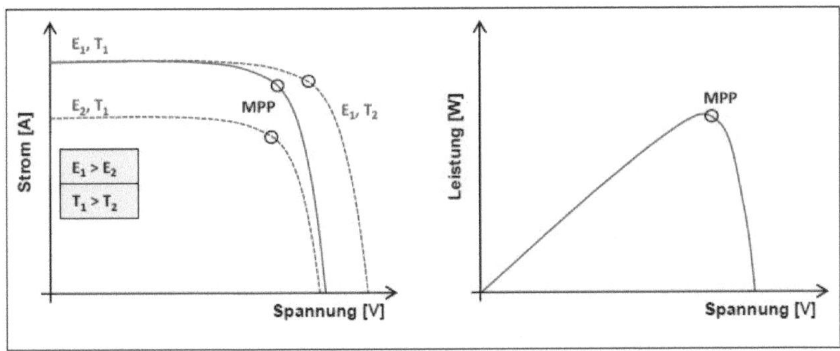

Abbildung 6: MPP von PVA (13)

Da die bereitgestellte Leistung von PVA als auch WEA von den Wetterverhältnissen abhängig ist und somit starken Schwankungen unterliegt, liegt die Herausforderung bei der Nutzung beider Technologien darin, eine Einspeisecharakteristik zu entwickeln, welche die Anforderungen von positiver und negativer Regelleistung erfüllt. Der essentielle Einflussfaktor ist hierbei die Prognosegenauigkeit zukünftiger Wetterverhältnisse (14 S. 71 f.). Da im Falle einer PRL-Bereitstellung die angebotene Leistung über den Zeitraum von einer Woche verfügbar sein muss, wäre es in diesem Zusammenhang nötig, bereits eine Woche im Voraus das Niveau der Windgeschwindigkeit und Sonneneinstrahlung zu approximieren. Da alle Regeleistungsausschreibungen im Vorfeld stattfinden, ist auch eine genaue Vorhersage der Wetterverhältnisse und somit des Produktionsniveaus auch für die Bereitstellung von SRL und MRL unerlässlich. Dies geschieht mit einem statistischen Prognoseverfahren, wobei mit einem bestimmten Sicherheitsniveau die zur Verfügung stehende Leistung und somit das Regelleistungsangebot ermittelt wird. Mit dem Sicherheitsniveau wird eine Garantie abgegeben, dass die Leistungsabgabe mit einer gewissen Wahrscheinlichkeit mindestens das prognostizierte Niveau aufweist (15 S. 2). Dieses Sicherheitsniveau sollte dabei der Zeitverfügbarkeit der konventionellen Erzeugungsanlagen entsprechen, um eine sichere Versorgung garantieren zu können. Für eine PRL- sowie MRL-Bereitstellung wird, wie bereits beschrieben, eine Verfügbarkeit von 100% gefordert. Allerdings muss angemerkt werden, dass eine technische Verfügbarkeit von 100% auch von einzelnen Erzeugungsanlagen nicht garantiert werden kann. Laut Jansen und Speckmann Untersuchungen ergaben Untersuchungen unter den Marktteilnehmern ein Sicherheitsniveau von 99,994% (16 S. 2). Daher wird auch hier ein gefordertes Sicherheitsniveau von 99,994 unterstellt.

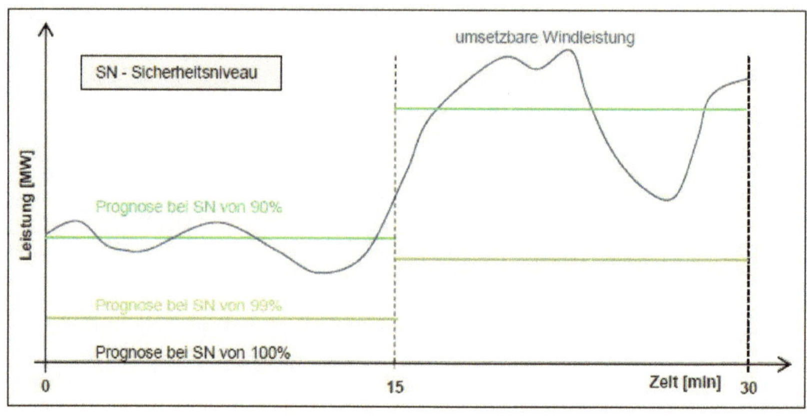

Abbildung 7: Leistungsprognosen bei verschiedenen Sicherheitsniveaus (17)

In der obigen Abbildung ist zu erkennen, dass mit einer Wahrscheinlichkeit von 100% lediglich ein Sicherheitsniveau von größer 0 garantiert werden kann. Mit der geforderten Sicherheit von 99,994% kann das tatsächliche Leistungsniveau nicht garantiert und somit auch nicht angeboten werden. Die mögliche Angebotsleistung mit dem geforderten Sicherheitsniveau liegt unter der tatsächlich erwarteten Leistung. Abhängig von der geforderten Sicherheit kann mehr oder weniger Leistung garantiert und angeboten werden. (17 S. 3). Laut Studie ist es möglich, mit einer Wahrscheinlichkeit von 98% ein bestimmtes Leistungsniveau von WEA acht Stunden im Voraus zu garantieren (14 S. 73). Mit der Zunahme des Sicherheitsniveaus sinkt das potenzielle Leistungsangebot stark. Daher ist es mit einer Wahrscheinlichkeit von den geforderten 99,994% nicht möglich, eine Leistung größer Null anzubieten. Bei einem Sicherheitsniveau von 99,8% kann fast immer eine gewisse Leistungsabgabe garantiert werden (17 S. 3).

Beitrag zur Spannungshaltung

Es müssen sich WEA als auch PVA an der Spannungshaltung beteiligen. Dies gilt auch für Anlagen, die im Mittel- und Niederspannungsnetz angeschlossen sind. Im Folgenden soll die technische Umsetzung der Blindleistungsbereitstellung erläutert werden.

Wie bereits erwähnt, verfügen moderne WEA über eine Ausstattung mit einem SGU oder einem DAG. Darüber hinaus verfügen beide Anlagentypen über einen Umrichter und einen Filter. Der Umrichter besteht dabei aus einem Wechselrichter, einem Zwischenkreis sowie einem Gleichrichter und hat die Aufgabe, die Frequenz des Generators an die Netzfrequenz anzupassen. Der Umrichter einer DAG-Anlage ist auf 30% der Nennleistung und einer SGU-Anlage auf 100% Nennleistung dimensioniert[9]. Unerwünschte Spannungsverzerrungen werden durch den Filter unterdrückt. Bei einer WEA mit DAG besteht die Notwendigkeit und bei einer WEA mit SGU besteht die Möglichkeit über ein Getriebe zwischen Rotor und Generator zu verfügen.

Mit beiden Anlagentypen ist es möglich Blindleistung bereitzustellen. Dies kann sowohl über den Filter als auch über den Umrichter geschehen. Bei dem Filter wirken die Induktivitäten und Kapazitäten als Blindleistungskompensationselemente. Durch eine Phasenverschiebung des abgegebenen Stromes und der Ausgangsspannung im Wechselrichter kann neben Wirkleistung auch Blindleistung zur Verfügung gestellt werden, allerdings auf Kosten der Wirkleistungsabgabe (3 S. 38-40). Eine Möglichkeit Blindleistung ohne Verlust abzugeben, wäre eine größere Dimensionierung des Umrichters, als es für die reine Wirkleistungsabgabe nötig wäre. Allerdings wäre eine solche Überdimensionierung mit zusätzlichen Mehrkosten verbunden, die einem potenziellem Mehrnutzen gegenübergestellt werden müsste. Dies soll hier aber nicht weiter ausgeführt werden (18 S. 197).

Im Falle des DAG kann Blindleistung an das Netz auch direkt über den Ständer abgegeben werden. Da bei einem SGU 100% des Leistungsflusses über den Umrichter führt, ist dies mit dem SGU nicht möglich. Auch im Stillstand können die WEA-Typen Blindleistung anbieten. Dabei haben die jeweiligen Umrichter in diesem Fall ihre gesamte Kapazität zur Verfügung, da keine Wirklistung abgegeben wird. Dies entspräche bei einer WEA mit DAG 30% der Nennleistung und bei einer SGU-Anlage 100% der Nennleistung. Da eine solche Funktion nicht vorgeschrieben ist und auch keine Anreize dazu bestehen, findet sie nur selten Anwendung (12 S. 347).

PVA verfügen auch über die Möglichkeit Blindleistung mithilfe ihres Wechselrichters zur Verfügung zu stellen. Die Bereitstellung erfolgt nach dem gleichen, oben beschriebenen, Prinzip. Gegensätzlich zu den WEA ist der Umstand, dass PVA-Wechselrichter in der Nacht im stand-by Modus betrieben werden, um Verluste zu verringern. PVA ist es daher nicht möglich, in der Nacht Blindleistung an das Netz abzugeben. Die Blindleistungsbereitstellung beschränkt sich daher auf die PVA, welche sich zum jeweiligen Zeitpunkt im Betrieb befinden (18 S. 203).

Beitrag zum Versorgungswiederaufbau

Die heutigen WEA und PVA sind dafür ausgelegt, sich auf eine vom Netz bereitgestellte Spannung zu synchronisieren. Eine Schwarzstartfähigkeit ist weder vorgesehen noch seitens der ÜNB gefordert. Es bedarf einer Energiequelle, um eine Leistung ohne netzseitige Hilfsmittel bereitzustellen. Ein Teil der benötigten Energie, bspw. für die Erregung des Generators kann durch Wind bzw. Sonneneinstrahlung geliefert werden. Eine weitere Möglichkeit zur Bereitstellung der benötigten Energien, ist die

---

[9] Dies liegt daran, dass bei einer WEA mit DAG der Großteil der Leistung direkt über den Ständer des Generators an das Netz abgegeben wird, wohingegen die vollständige Leistung einer WEA mit SGU berden Umrichter ins Netz abgegeben wird.

Verwendung von Batterien oder Notstromaggregaten. Der stabile Betrieb einer WEA ohne Last spiegelt eine weitere Schwierigkeit dar. Dahingegen ist die Synchronisation an einem bestehenden Inselnetz theoretisch möglich. Es muss allerdings wiederum darauf hingewiesen werden, dass aufgrund der fluktuierenden Wind- und Sonneneinspeisung eine Leistungsbereitstellung nicht garantiert werden könne und ein plötzlicher Wegfall dieser Leistung den Netzaufbau stark gefährden könnte. Selbst wenn es WEA und PVA möglich ist, selbstständig die Einsatzbereitschaft wieder herzustellen, so bleibt das Restrisiko der fluktuierenden Erzeugung. Daher ist es fraglich, ob WEA und PVA in dieser frühen Phase des Versorgungswiederaufbaus einen Beitrag leisten können bzw. sollten. (12 S. 357).

4. Auswertung der Ergebnisse

Im vorangegangenen Kapitel wurde beschrieben, dass es Betreibern von WEA und PVA grundsätzlich technisch möglich ist, sich an Frequenz- und Spannungshaltung zu beteiligen. Es stehen beiden Technologien mehrere Möglichkeiten zur Verfügung, sowohl positive als auch negative Regelleistung zu liefern. Blindleistung kann in beiden Fällen mithilfe des Wechselrichters bereitgestellt werden. Eine Wirk- bzw. Blindleistungsregelung entspricht dem aktuellen Stand der Technik und stellt zudem eine Anschlussbedingung dar. Daher kann die Frage nach der grundsätzlich technischen Eignung von WEA und PVA bejaht werden.

Theoretisch sind beide Erzeugungstechnologien auch schwarzstartfähig. Jedoch entspricht die Schwarzstartfähigkeit nicht dem aktuellen Stand der Technik und wird auch nicht von den Netzbetreibern gefordert, sodass im Rahmen dieser Arbeit ein möglicher Beitrag von WEA und PVA zum Versorgungswiederaufbau verneint wird. In der untenstehenden Tabelle sind die Ergebnisse zur technischen Eignung zusammengefasst.

Tabelle 5: Technische Eignung zur SDL-Bereitstellung

SDL-Typ	WEA	PVA
Frequenzhaltung	PRL (Ja) SRL (Ja) MRL (Ja)	PRL (Ja) SRL (Ja) MRL (Ja)
Spannungshaltung	Ja	Ja
Versorgungswiederaufbau	Nein	Nein

Zur Deckung des Regelleistungsbedarfs kann jedoch nicht 100% der installierten Leistung genutzt werden. Der tatsächliche Beitragsumfang hängt von verschiedenen Faktoren ab. So müssen alle Erzeugungsanlagen, die Regelleistung bereitstellen wollen, die PQA der ÜNB erfüllen. Die Anforderungen umfassen unter anderem Ausschreibungsfristen, Produktlängen, Mindestgebotsgrößen sowie Zeitverfügbarkeit und Aktivierungsgeschwindigkeiten. Mithilfe der beschriebenen Verfahren zur Wirkleistungsregelung ist den beiden Erzeugungstechnologien möglich, Regelleistung im schnellen Sekundenbereich bereitzustellen. Studien haben gezeigt, dass die Aktivierungsgeschwindigkeit ausreichend hoch ist, um an der PRL, SRL und Minutenreserve teilzunehmen (3 S. 57-73). Eine weitere Anforderung stellt die Zeitverfügbarkeit von 95% bzw. 100% dar. Ein garantiertes Sicherheitsniveau von 99,994% ist allerdings auch mit den dargebotsabhängigen Erzeugungstechnologien zu erreichen. Allerdings kann die Prognose der Angebotsleistung mit diesem Sicherheitsniveau dabei nur einige Stunden im Voraus erfolgen. Wodurch auch die Prognosegenauigkeit bzw. das geforderte Sicherheitsniveau den möglichen Beitragsumfang beschränkt. Es ist jedoch möglich, dass die zukünftige Prognosegenauigkeit zunehmen wird. Insbesondere für Offshore WEA wird eine Verbesserung bis 2020 um bis zu 45% erwartet (12 S. 11). WEA- und PVA-Betreibern ist es heutzutage möglich, das Leistungsniveau ihrer Anlagen für den Folgetag ausreichend genau zu prognostizieren. Da PRL und SRL jedoch eine Woche im Voraus gehandelt wird, haben die Anlagenbetreiber keine Möglichkeit, das Leistungsniveau mit der geforderten Sicherheit zu prognostizieren, zu garantieren oder anzubieten. Die Ausschreibungsfrist von einer Woche stellt demnach eine prohibitive Markteintrittsbarriere für reine Wind- und PV-Parks dar. Dahingegen wird MRL für den Folgetag gehandelt, sodass es den Anlagenbetreibern möglich ist, diese anzubieten (5 S. 4). Weitere Hürden bestehen in den Produktlängen. So muss PRL für den gesamten Zeitraum von einer Woche für 24 Stunden am Tag vorgehalten werden. Ein Leistungsniveau mit der geforderten Sicherheit anzubieten über einen solchen Zeitraum zu garantieren, ist mit einzelnen WEA und PVA sowie reinen Anlagenparks nicht möglich. Die Anforderung, auch in den Nachtstunden Regelleistung anzubieten, macht es PVA unmöglich, PRL für eine ganze Woche bzw. einen ganzen Tag zu liefern. Auch die Produktlänge von 12 Stunden für die SRL-Bereitstellung kann die PVA nicht bedienen. Somit ist es für die beiden Erzeugungstechnologien nicht möglich, zur PRL- und SRL-Bereitstellung beizutragen.

Da MRL mit einer Produktlänge von vier Stunden gehandelt wird, ist in diesem Fall eine potenzielle Beteiligung von WEA als auch PVA möglich (2 S. 21-23). Allerdings muss erwähnt werden, dass an Wochenenden und Feiertagen keine MRL-Ausschreibung erfolgt (19 S. 30). Die Ausschreibung erfolgt am Vortag über ggf. mehrere Tage hinweg. Somit beschränkt sich die MRL-Bereitstellung unter aktuellen Bedingungen auf die Werktage.

Das geforderte Sicherheitsniveau von 99.994% muss darüber hinaus über den gesamten Angebotszeitraum garantiert werden können. Gegen ungeplante, technische Störungen bzw. einen Ausfall der Anlage können sich Betreiber absichern und zwar in Form einer anderen präqualifizierten

Erzeugungsanlage. Fällt demnach die vermarktete Regelleistung aus, kann diese durch eine andere Erzeugungsanlage substituiert werden (20 S. 3). Aufgrund ähnlicher Leistungsschwankungen in einem PV- und WEA-Park entfällt eine gegenseitige Absicherung. Betreiber solcher Anlagenparks müssen demnach ihre Leistung durch andere Erzeugungstechnologien absichern, bspw. durch den bilateralen Zukauf von Betreibern anderer Erzeugungstechnologien oder im Rahmen des eigenen Erzeugungspools. Die Besicherung darf allerdings nur gegen ungeplante Ausfälle und nicht im Vorfeld bekannte/erwartete Leistungsdefizite geschehen. Unsicherheiten, die sich aus verändernden Wetterverhältnisses und demnach Prognosefehlern ergeben, können so nicht kompensiert werden. Betreibern von WEA und PVA ist es nicht möglich, durch Besicherung ihrer Anlagen eine Zeitverfügbarkeit von 99,994% zu garantieren, sodass die Erfüllung dieser PQA nicht gegeben ist.

Mit der geforderten Sicherheit kann nur ein kleiner Anteil der Leistung für den Vortag angeboten werden. Aufgrund des langen Ausschreibungszeitraums können PRL- und SRL nicht angeboten werden.

Eine weitere Beschränkung stellen die Mindestabrufgrößen dar, die für die PRL 1 MW und für die SRL sowie MRL 5 MW betragen. Anlagen mit geringer Leistung sind demnach ausgeschlossen. Selbst Offshore-WEA mit einer installierten Leistung von 5 MW können diese Regelleistung nicht mit der geforderten Sicherheit garantieren.

Tabelle 6: Erfüllung der Präqualifikationsanforderungen

PQA	WEA	PVA
Primärregelung	Nein	Nein
Sekundärregelung	Nein	Nein
Minutenreserve	Nein	Nein

Wie in der oben stehenden Tabelle zu erkennen, können die Anforderungen der ÜNB aus den bereits genannten Gründen für keine der drei Regelleistungsarten erfüllt werden. Eine Präqualifikation von WEA und PVA ist demnach nicht möglich.

Neben den PQA stellt die Anlagenverfügbarkeit einen weiteren essentiellen Einflussfaktor auf den Beitragsumfang dar. Der offensichtliche Grund dafür, sind die regional und zeitlich sehr unterschiedlichen spezifischen Ressoucenverfügbarkeiten, die die zur Verfügung stehende installierte Leistung von WEA und PVA in ihrem potenziellen Beitrag mindern. Nicht nur tägliche, sondern auch jahreszeitliche Schwankungen mindern die Jahresverfügbarkeit und somit das Angebotspotenzial der Anlagen. Auf eine Ermittlung von spezifischen Minderungsfaktoren und somit einer realistischen Quantifizierung des Regelleistungspotenzials soll hier nicht weiter eingegangen werden.

Die Möglichkeit mit WEA und PVA Regelleistung bereitzustellen, wurde und wird in unterschiedlichen Studien und Projekten untersucht. Folgend sind einige Projekte aufgelistet:

- Kombikraftwerk II
- Dena-Studie Systemdienstleistungen 2030
- Laufende Evaluierung der Direktvermarktung von Strom aus Erneuerbaren Energien
- Regelenergie durch Windkraftanlagen
- TWENTIES[10]
- Optimierung der Marktbedingungen für die Regelleistungserbringung durch Erneuerbare Energien (IWES)

Die oben zuletzt aufgeführte IWES-Studie untersucht die Bereitstellung von Regelleistung durch WEA und PVA. Neben der Beschreibung von verschiedenen Einflussfaktoren werden auch Potenziale für mögliche Regelleistungsangebote aufgezeigt. Die untenstehende Abbildung veranschaulicht in diesem Zusammenhang das Potenzial eines Zusammenschlusses mehrerer WEA und PVA, welches abhängig von verschiedenen Sicherheitsniveaus und Produktlängen ist. Dabei wird von einer installierten Leistung von 30 GW je Pool ausgegangen. Die Potenziale sind in MWh angegeben und stellen das Integral der Leistung eines Jahres wieder

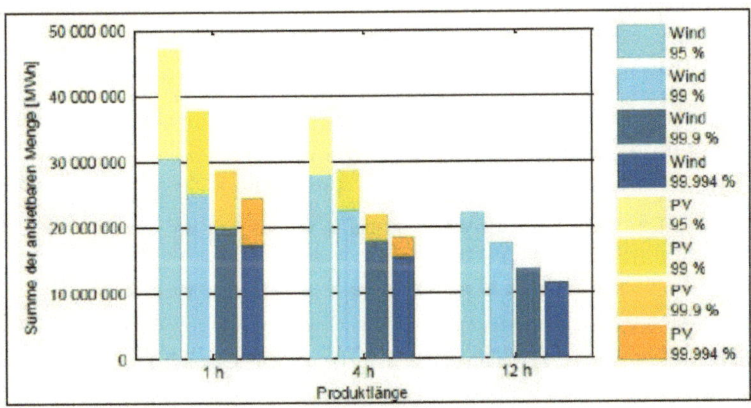

Abbildung 8: Regelleistungspotenziale von WEA und PVA nach IWES-Studie (2 S. 22)

Daraus geht deutlich hervor, dass die Angebotspotenziale mit zunehmenden Sicherheitsniveau und zunehmender Produktlänge sinken. Laut den durch IWES durchgeführten Untersuchungen, halbiert

---

[10] Transmission system operation with a large penetration of wind and other renewable electricity sources in electricity networks using innovative tools and integrated energy solutions.

sich das Angebot eines PV-Pools, wenn die Produktlänge 4 statt einer Stunde beträgt. Hier wird nochmal die Bedeutung der beiden Einflussfaktoren auf den Beitragsumfang deutlich. Bei einer Produktlänge von 12 Stunden ist es aufgrund hoher Prognosefehler Betreibern von PVA nicht mehr möglich, sich an der Regelleistungsbereitstellung zu beteiligen. Ausschreibungsfristen von mehr als 12 Stunden sind daher ein Ausschlusskriterium für PVA.

Es muss allerdings erwähnt werden, dass es sich bei den Untersuchungen des IWES um hypothetische Betrachtungen handelt und Restriktionen die auf den realen Strom- und Regelenergiemärkten herrschen, nicht abbilden.[11] Die Potenziale dienen daher nur der Verdeutlichung der Zusammenhänge (2 S. 18 ff.).

Untenstehend sind zusammengefasst Hürden im heutigen Marktdesign aufgeführt, die den Umfang einer möglichen Regelleistungsbereitstellung durch WEA und PVA erschweren:

o   Produktlänge von mehr als eine Woche

o   Sicherheitsniveau bzw. Zeitverfügbarkeit von 100% bzw. 99,994%

o   Einwöchige Ausschreibungsfristen von PRL und SRL

o   Mindestabrufgrößen

Sollte zukünftig weitergehend angestrebt werden, dass dargebotsabhängige Erzeugungstechnologien, wie PVA und WEA einen zunehmenden Beitrag zur Frequenzhaltung leisten, so müssten die oben aufgeführten Barrieren abgebaut werden. Produktlängen sowie Ausschreibungsfristen müssten gekürzt werden. Diesbezüglich kommt das IWES zum Schluss, dass eine einstündige Produktlänge sowie eine eintägige Ausschreibungsfrist optimal wären (2 S. 19-23).

Laut IWES stellt die Möglichkeit der Reduzierung des Sicherheitsniveaus eine weitere Möglichkeit zur Beitragserhöhung der WEA und PVA dar. Daher schlägt das IWES vor, die Verfügbarkeitsanforderungen auf ein Niveau zu senken, welcher für dezentrale Erzeugungsanlagen realistisch ist (6).Allerdings sollte unserer Meinung nach der Weg: „Je geringer die geforderte Sicherheit, desto höher das Angebotspotenzial" als sehr kritischer Entwicklungspfad gesehen werden. Die systemorientierte Sichtweise sowie die oberste Prämisse der Sicherheit und Zuverlässigkeit des Energiesystems und somit seiner einschließenden Akteure sollte keinesfalls außer Acht gelassen werden, weshalb wir die Reduzierung des Sicherheitsniveaus als nicht zielführend erachten.

Bezüglich der Ausschreibungsbedingungen am Regelenergiemarkt äußerte die Bundesnetzagentur (BNetzA), dass die Reduzierung der PRL- und SRL-Ausschreibungsfristen auf jeweils einen Tag erstrebenswert ist. Dafür sprächen laut BNetzA eine enge Verzahnung mit dem Spotmarkt und eine Diversifizierung des Regelleistungsportfolios. Dementgegen steht allerdings ein hoher

---

[11] Beispielsweise die perfekte Preisprognose für die Ausschreibungszeiträume

organisatorischer und abwicklungstechnischer Aufwand für die Anbieter. Die BNetzA sieht hierbei die Gefahr für eine Bedarfsunterdeckung vor allem im Hinblick auf den kurzen Zeithorizont bis zur Erfüllung. Daher hält die BNetzA die Verkürzung der Ausschreibungsfrist aktuell für nicht zielführend und verfrüht. Dies trifft auch auf die Reduzierung der MRL-Ausschreibungsfrist auf eine Stunde zu. Weiterhin führe eine kalendartägliche MRL-Ausschreibung nicht zu mehr Wettbewerb und ist demnach nicht anzustreben.

Auch die Auffassung der BNetzA bezüglich der Verkürzung der PRL-Produktlänge und der geforderten Sicherheit von 100% bei der PRL- und SRL-Bereitstellung spiegelt unsere schon oben genannte Meinung wider. Diesbezüglich fasste die BNetzA nämlich den Entschluss, dass die Systemsicherheit höher zu bewerten ist, als ein größeres Angebotsvolumen. Demnach wird an der einwöchigen und symmetrischen PRL-Vorhaltung festgehalten. Eine Verringerung des Sicherheitsniveaus sei nicht der richtige Weg. Allerdings ist laut BNetzA im Rahmen der SRL-Ausschreibung die Einführung einer Zeitscheibe von 4 Stunden denkbar, sollte es zu täglichen Ausschreibungen kommen. Eine Reduzierung der Mindestangebotsgröße wird aber aufgrund der Möglichkeit des Zusammenschlusses mehrerer Erzeugungsanlagen für nicht notwendig erachtet (19) (6) (21 S. 25-39).

Die folgende Tabelle fasst die Ergebnisse der Untersuchungen zusammen.

Tabelle 7: Ergebniszusammenfassung zu SDL-Bereitstellungsmöglichkeiten von WEA und PVA

SDL-Typ	WEA		PVA	
	Technisch	PQA	Technisch	PQA
Frequenzhaltung	PRL (Ja) SRL (Ja) MRL (Ja)	PRL (Nein) SRL (Nein) MRL (Nein)	PRL (Ja) SRL (Ja) MRL (Ja)	PRL (Nein) SRL (Nein) MRL (Nein)
Spannungshaltung	Ja		Ja	
Versorgungswiederaufbau	Nein		Nein	

Es konnte aufgezeigt werden, dass es technische Möglichkeiten mit reinen Wind- als auch Photovoltaikparks gibt, Regel- und Blindleistung bereitzustellen. Allerdings ermöglichen die aktuellen PQA für eine Teilnahme am Regelenergiemarkt keine Präqualifikation. Demnach ist es Anlagenbetreibern nicht möglich, mit ihren WEA oder PVA am Regelenergiemarkt teilzunehmen und Regelleistung anzubieten. Zwar besteht laut TC07 die Möglichkeit, mehrere Anlagen zu einem Regelleistungspool zusammenzuschließen, allerdings muss aber jede einzelne Erzeugungsanlage präqualifiziert sein. Andernfalls erhält der Regelleistungspool keine Präqualifikation. Zwar sind die ÜNB aufgrund der in der Einführung genannten Gründen bezüglich der Entwicklungen des zukünftigen deutschen Erzeugungsmix mit der Frage beschäftigt, wie Anbieter von dargebotsabhängigen Erzeugungsanlagen eine Teilnahme am Regelleistungsmarkt ermöglicht werden kann. Allerdings sollte die Änderung des Marktdesigns immer kritisch betrachtet werden und die Systemsicherheit im Vordergrund stehen. Daher sollte der Aspekt der Systemdienstleistungsbereitstellung immer im gesamtenergiewirtschaftlichen Kontext gesehen werden und bei potenziellen Grundsatzentscheidungen seitens der Bundesregierung, die den zukünftigen Erzeugungsmix tangieren, berücksichtigt und einbezogen werden.

Sollte abgesehen von den technischen und prozessualen Hürden eine SDL-Erbringung durch WEA und PVA vorangetrieben werden, muss abschließend noch erwähnt werden, dass eine Regelleistungsbereitstellung durch WEA und PVA nur erfolgen kann, wenn neben der technischen Eignung und der Erfüllung der PQA auch finanzielle Anreize für die Betreiber existieren, sich am Regelleistungsmarkt zu beteiligen. Andernfalls werden Anlagenbetreiber alternative Vermarktungskonzepte bevorzugen. Zur Beantwortung der Frage, ob unter den heutigen Rahmenbedingungen finanzielle Anreize vorhanden sind, müssen potenzielle Erlöse aus der Regelleistungsvermarktung den erzielbaren Erlösen aus den zur Verfügung stehenden Vermarktungskonzepten gegenübergestellt werden. Die potenziellen Erlösmöglichkeiten der alternativen Vermarktungskonzepte umfassen die Einspeisevergütung, die Stromerlöse aus dem Day-Ahead-Markt sowie Marktprämien im Rahmen der Direktvermarktung. Die potenziellen Erlöse aus der Regelleistungsvermarktung resultieren aus den im Kapitel 2.2 beschriebenen Auktionen. Die durch die Regelleistungsvermarktung eventuell entgangenen Erlösmöglichkeiten, können als Opportunitätskosten der Anlagenbetreiber verstanden werden (22). Dabei muss in Einspeisevergütung[12] und Direktvermarktung unterschieden werden. Bei der Einspeisevergütung spielt das im §56 Abs. 1 EEG verankerte Doppelvermarktungsverbot eine Rolle. Anlagenbetreibern ist es demzufolge nicht gestattet ihren erzeugten Strom mehrfach zu vermarkten. Im Falle einer Regelleistungsvermarktung müssten sie demnach komplett auf die Einspeisevergütung verzichten. Die dadurch entgangenen Erlöse in Höhe der Vergütungssätze stellen hier die Opportunitätskosten dar, unabhängig davon, ob es sich um positive oder negative Produkte handelt und ob die Leistung abgerufen wird oder nicht.

Im Rahmen der Direktvermarktung gilt dieses Verbot nicht (§56 Abs. 1 EEG). Die Erlöse bei der Direktvermarktung setzen sich aus der Marktprämie und den Erlösen aus dem Day-Ahead-Markt

---

[12] Mit der Novellierung des EEG 2014 sollen Erneuerbare Erzeugungstechnologien weiter an den Markt herangeführt werden. Zu diesem Zweck werden Betreiber von größeren Neuanlagen verpflichtet, den von ihnen erzeugten Strom direkt zu vermarkten. Diese Pflicht wird stufenweise eingeführt, damit alle Marktakteure sich darauf einstellen können:

- Seit 1. August 2014: alle Neuanlagen ab einer Leistung von 500 Kilowatt,
- ab 1. Januar 2016: alle Neuanlagen ab einer Leistung von 100 Kilowatt

Betreiber größerer Anlagen, die Ihren Strom selbst vermarkten müssen, erhalten eine gleitende Marktprämie. Laut BMWi soll spätestens ab 2017 die Förderhöhe durch Ausschreibungen bestimmt werden (26).

zusammen. In welchem Umfang ein Verzicht auf die jeweiligen Erlöskomponenten notwendig ist, hängt davon ab, ob es sich um positive oder negative Regelleistung handelt.

Damit für die Betreiber ein finanzieller Anreiz besteht am Regelenergiemarkt teilzunehmen, müssen diese die oben genannten Opportunitätskosten zumindest kompensieren aber möglichst überkompensieren.

Da ein genauer Berechnungsansatz bzw. exemplarische Berechnungen zur Abschätzung der jeweiligen Erlöshöhen den Rahmen dieser Arbeit übersteigt, wird hier darauf verzichtet werden. Bietet aber ein interessantes Feld für weiterführende Betrachtungen.

Literaturverzeichnis

1. **Verband der Netzbetreiber - VDN-e.V. beim VDEW.** *TransmissionCode 2007 - Netz- und Systemregeln der deutschen Übertragungsnetzbetreiber.* Berlin : s.n., 2007.

2. **Jansen, M.** *Optimierung der Marktbedingungen für die Regelleistungserbringung durch erneuerbare Energien.* Fraunhofer-Institut für Windenergie und Energiesystemtechnik (IWES). Kassel : s.n., 2014. Studie.

3. **Al-Awaad, A. R. K.** *Beitrag von Windenergieanlagen zu den Systemdienstleistungen in Hoch- und Höchstspannungsnetzen.* Wuppertal : s.n., 2009. Dissertation.

4. **Consentec GmbH.** *Beschreibung von Regelleistungskonzepten undRegelleistungsmarkt.* Aachen : s.n., 2014. Studie.

5. **Hirth, L., Ziegenhagen, I.** Wind, Sonne und Regelleistung. *Energiewirtschaftliche Tagesfragen (et).* 63. Jg., 2013, Heft 10.

6. **Bundesnetzagentur für Elektrizität, Gas, Telekommunikation, Post und Eisenbahn (BNetzA).** *Festlegung zu Verfahren zur Ausschreibung von Regelenergie in Gestalt der Primärregelung.* Bonn : s.n., 2011. BK6-10-098.

7. **Strübele, W., Pfaffenberger, W., Heuterkes, M.** *Energiewirtschaft - Einführung in Theorie und Politik.* 3. Auflage. München : Oldenbourg-Verlag, 2012.

8. **Konstantin, P.** *Praxisbuch Energiewirtschaft - Energieumwandlung, -transport und -beschaffung im liberalisierten Markt.* 3. Auflage. Berlin : Springer-Verlag, 2013.

9. **Agricola, A. C. (dena).** *Systemstabilität - mit und durch Erneuerbare Energien.* Cottbus : s.n., 2014. Power Point Präsentation.

10. **VGB PowerTech e.V.** *VGB-Standar - Basic Terms of the Electric Utility Industry.* Essen : s.n., 2012.

11. **Bundesverband der Energie- und Wasserwirtschaft e.V. (BDEW).** *Richtlinie für Anschluss und PArallelbetrieb von Erzeugungsanlagen am Mittelspannungsnetz.* Berlin : s.n., 2008.

12. **Deutsche Energie-Agentur GmbH (dena).** *Dena-Netzstudie II. Integration erneuerbarer Energien in die deutsche Stromversorgung im Zeitraum 2015 - 2020 mit Ausblick 2025.* Berlin : s.n., 2010. Studie.

13. **Wesselak, V., Schabbach, T., Link, T., Fischer, J.** *Regenerative Energietechnik.* [Hrsg.] 2. Auflage. Berlin : Springer-Verlag, 2013.

14. **Gesino, A. J.** *Power reserve provision with wind farms - Grid integration of wind power.* Kassel : s.n., 2010. Diss.

15. **Jansen, M., Speckmann, M.** *Participation of photovoltaic systems in control reserve markets.* 22nd International Conference on Electricity Distribution (CIRED 2013), Stockholm : s.n., 2013. Paper0245.

16. **—.** *Wind turbine participation on Control Reserve Markets.* Kassel : Fraunhofer- Institut für Windenergie und Energiesystemtechnik (IWES, 2013.

17. **Speckmann, M.** *Provision of control reserve with wind farms.* Kassel : s.n., 2012.

18. **Braun, M.** Provision of Ancillary Services by Distributes - Generators Technological and Economic Perspective. *Erneuerbare Energien und Energieeffizienz.* 10. Jg., 2009.

19. **Bundesnetzagentur für Elektrizität, Gas, Telekommunikation, Post und Eisenbahn (BNetzA.** *Festlegung zu Verfahren zur Ausschreibung von Regelenergie in Gestalt der Minutenreserve.* Bonn : s.n., 2011. BK6-10-099.

20. **Bundesnetzagentur für Elektrizität, Gas, Telekommunikation, Post und Eisenbahn (BNetzA).** *Festlegung z uVerfahren zu Ausschreibung von Regelenergie in Gestalt der Minutenreserve.* Bonn : s.n., 2011. BK6-10-099.

21. —. *Festlegung zu Verfahren zur Ausschreibung von Regelenergie in Gestalt der Sekundärregelung.* Bonn : s.n., 2011. BK6-10-098.

22. **Müsgens, F., Ockenfels, A., Peek, M.** Economics and design of balancing power markets in Germany. *International Journal of Electrical Power & Energy Systems.* 55 Jg., 2014, S. 392-401.

23. **Deutsche Energie-Agentur GmbH (dena).** *dena-Studie Systemdienstleistungen 2030 - Zusammenfassung der zentralen Ergebnisse der Studie.* Berlin : s.n., 2014.

24. **Bundesnetzagentur für Elektrizität, Gas, Telekommunikation, Post und Eisenbahn (BNetzA.** *Festlegung zur Standardiesierung vertraglicher RTahmenbedingungen für Eingriffsmöglichkeiten derÜbertragungsnetzbetreiber in die FAhrweise von Erzeugungsanlagen.* Bonn : s.n., 2012. BK6-11-098.

25. **Hirth, L., Ziegenhagen, I.** Wind, Sonne und Regelleistung. *Energiewirtschaftliche Tagesfragen (et).* 63. Jg., 2013, Bd. 10. Heft.

26. **BMWi.** BMWi: Informationsportal Erneuerbare Energien: Broschüre, Geseze, Verordnungen. [Online] [Zitat vom: 09. 07 2015.] http://www.erneuerbare-energien.de/EE/Redaktion/DE/Downloads/EEG/eeg-2014-aktuell.html.